MÉMOIRE

PRÉSENTÉ

Par LUDOVIC ROUCHAUD

Pharmacien,

A L'ASSEMBLÉE GÉNÉRALE ANNUELLE DES PHARMACIENS

DU DÉPARTEMENT DE LA DORDOGNE.

RIBÉRAC

CHEZ ALBERT BOUNET, IMPRIMEUR-LIBRAIRE

RUE COULEAU.

1867.

ÉTUDES

1° SUR L'ACTIVITÉ DES

CHLORURES DE SODIUM

CHLORURES D'AMMONIUM ET LIQUEURS ACIDES

EN PRÉSENCE DU SULFATE PLOMBIQUE

2° SUR LE SULFATE DE MAGNÉSIE

Employé comme contre-poison dans l'intoxication

PAR L'ACÉTATE DE PLOMB TRIBASIQUE.

MÉTHODE

POUR

DÉCELER ET DOSER LA CHICORÉE

MÉLANGÉE AVEC DU CAFÉ.

RIBÉRAC

CHEZ ALBERT BOUNET, IMPRIMEUR-LIBRAIRE

RUE COULEAU.

1867.

A Monsieur A. **DESVERGNES**,

Docteur en médecine,

Ancien interne des hôpitaux de Paris,

MEMBRE DU CONSEIL GÉNÉRAL

du

DÉPARTEMENT DE LA DORDOGNE.

MONSIEUR,

En vous dédiant, un travail aussi modeste que celui-ci, j'entends seulement vous donner un témoignage de ma reconnaissance, et avoir l'honneur de placer en tête de ce mémoire le nom d'un médecin distingué de notre pays.

Votre tout dévoué,

Ludovic **ROUCHAUD**.

ÉTUDES

SUR

1° L'ACTIVITÉ CHIMIQUE DES CHLORURES

DE SODIUM

CHLORURES D'AMMONIUM ET LIQUEURS ACIDES

EN PRÉSENCE DU SULFATE PLOMBIQUE.

2° Sur le Sulfate de Magnésie,

employé comme contre-poison dans l'intoxication

PAR L'ACÉTATE DE PLOMB TRIBASIQUE.

Messieurs,

Bien que discutée depuis longtemps, la question des sulfates alcalins, employés comme contre-poisons dans l'empoisonnement par les sels de plomb, est encore loin d'être résolue. Ce résultat est d'ailleurs facile à comprendre ; ce sont nos grands maîtres dans la science qui ont défendu, chacun de leur côté, des opinions différentes (1).

S'il nous est permis d'exprimer ici notre opinion sur l'emploi du Sulfate de magnésie dans l'empoisonnement par l'acétate de plomb tribasique (*extrait de saturne*), voici à quelle conclusion nous a conduit l'examen de ces faits.

---

(1) Orfila, dans sa toxicologie, considère le sulfate de magnésie comme étant le véritable contre-poison des sels de plomb.

Et d'abord, disons que l'action du sulfate de magnésie, même à forte dose, sur les intestins ne produit pas d'irritation; de plus, son action purgative est rapide, et la modification organique transmise à la membrane muqueuse est de peu de durée. Cette propriété précieuse en thérapeutique doit aussi avoir sa valeur en toxicologie. En effet, son innocuité permet de l'employer à dose élevée, et est suffisante dans le plus grand nombre des cas pour saturer le poison qui aurait échappé à l'action des purgatifs, lorsque ces derniers ont été donnés à temps.

De toutes les préparations solubles de plomb, l'acétate de plomb tribasique est certainement celui qui est le moins facilement absorbable. Les liquides acidulés contenant des chlorures ont moins d'action sur ce composé ; son pouvoir astringent étant très développé, il les repousse en *resserrant* les tissus organiques. Bien que les préparations plombiques soient d'autant plus actives qu'elles sont plus solubles, il ne s'ensuit pas que les sels insolubles soient sans quelques dangers.

Ces préparations produisent des effets différents suivant qu'elles ont été prises à des doses faibles ou fortes. Leur action toxique ne commence, dans le premier cas, que quelque temps après leur administration, et se manifeste par les symptômes que l'on observe dans la *colique des peintres*, l'*arthralgie*, la *paralysie* et les *convulsions épileptiformes*. Mais il s'en faut bien que toutes les nuances des symptômes, qui apparaissent dans ces accidents saturnins lents, coexistent lorsqu'il s'agit d'un empoisonnement aigu, causé par une forte dose de plomb; très-souvent, dans ce cas, le poison agit à la manière de tous les poisons irritants ; son action est presque immédiate; il enflamme, corrode l'estomac, les intestins, et la mort peut survenir au bout de quelques heures. — Un phénomène constant de l'intoxication plombique, c'est, dit

ORFILA, l'existence dans l'estomac d'une série de points d'un blanc mat. Ces points blancs, évidemment composés de matière organique et d'une préparation de plomb adhèrent fortement à la membrane muqueuse. M. MIALHE les considère comme étant formés de chloroplombate alcalin.

Le sulfate de magnésie, dissous dans une certaine quantité d'eau et mis en contact avec le sous-acétate de plomb, le décompose rapidement en sulfate insoluble; cette réaction a lieu même en présence des matières organiques.

Mais ce nouveau sel se formant dans l'économie, est-il d'une innocuité incontestable? A la condition que les liens qui enchaînent les éléments constituants du sulfate plombique lui conservent son caractère d'insolubilité.

Or, il y a dans les êtres vivants, certains agents modificateurs, ce sont : des chlorures, des acides, des alcalis, des ferments, et enfin probablement l'action imprimée par la nature des tissus organiques.

De tous les agents, les chlorures sont ceux qui donnent, en théorie, l'explication la plus rationnelle de l'absorption du plomb dans l'économie; la formule suivante explique l'activité organoleptique du sulfate plombique devenant soluble :

$$ACI + PbO, SO^3 = AO, SO^3 + PbCI$$: A représentant le métal alcalin.

Cette transformation ne s'arrête point là, il faut encore que le plomb passe dans de nouveaux liens pour devenir plus soluble, et par suite plus absorbable; enfin, pour que cette théorie soit complète, il faut faire intervenir un excès de chlorure, et on aura un nouveau genre de sels appelés chlorosels, plus solubles encore que le chlorure de plomb. C'est un chlorure double, dans lequel le chlorure de plomb joue le rôle d'acide, et le chlorure alcalin celui de base; par cette voie de combinaison soluble, le plomb peut devenir toxique.

Bien que, dans cette théorie très-ingénieuse de M. MIALHE, que nous croyons avoir exposée conformément aux idées de ce savant professeur, les réactions chimiques présentent un caractère logique, il ne nous paraît pas suffisamment démontré par l'expérience que les mêmes phénomènes aient lieu dans l'économie.

La transformation du sulfate de plomb dans l'économie en chlorure simple nous paraît plus probable : les essais qui suivent sembleraient confirmer notre opinion en nous faisant connaître quels sont, parmi le chlorure de sodium, le chlorure d'ammonium et les liquides acides, les agents qui modifient le plus le sulfate plombique (1).

Nous avons opéré à la température de 30 à 40°. Les liqueurs additionnées d'ammoniaque en excès, de sulfure d'ammonium et traitées par un courant d'hydrogène sulfuré après un contact de vingt-quatre heures, ont donné un précipité de sulfure de plomb dont le poids nous a fait connaître par le calcul la quantité de chlorure de plomb formée dans chaque liqueur d'essai (2).

PREMIER ESSAI. — Eau distillée acidulée 20 grammes, sulfate plombique 50 centigrammes..., pas de traces de plomb.

DEUXIÈME ESSAI. — Eau distillée 20 grammes, sulfate plombique 50 centigrammes, chlorure de sodium

---

(1) L'action du sel marin sur le plomb était déjà, au siècle dernier, utilisée dans la préparation du jaune minéral (oxychlorure de plomb) ; on savait qu'il se forme de la soude à cette occasion, et l'on avait même songé, un instant, à préparer cet alcali par ce procédé, qui, du reste, a été examiné par la célèbre commission de la soude.

(2) Les chiffres énoncés représentent des quantités obtenues à l'aide d'un trébuchet ordinaire de pharmacie, aussi pourraient-ils bien ne pas être l'expression rigoureuse des poids des précipités ; néanmoins, chacune des pesées ayant été faite, avec le même soin, dans des circonstances identiques et à l'aide de la même balance, les rapports pondéraux restent les mêmes.

1 gramme..., ont donné 36 milligrammes de chlorure de plomb. — L'acide carbonique est sans action sur une pareille dissolution préalablement filtrée ; il est très-probable que c'est un chlorure de plomb qui s'est formé.

TROISIÈME ESSAI. — Eau distillée 20 grammes, sulfate plombique 50 centigrammes, chlorure de sodium et chlorure d'ammonium 50 centigrammes de chaque...., ont donné 46 milligrammes de chlorure de plomb.

QUATRIÈME ESSAI. — Eau distilée acidulée 20 grammes, sulfate plomblique 50 centigrammes, chlorure de sodium 1 gramme..., ont donné 64 milligrammes de chlorure de plomb.

CINQUIÈME ESSAI. — Eau distillée 20 grammes, sulfate plombique 50 centigrammes, chlorure d'ammonium 1 gramme...., ont donné 83 milligrammes de chlorure de plomb.

SIXIÈME ESSAI. — Chlorure de plomb 25 centigrammes, chlorure d'ammonium 50 centigrammes, eau distillée 10 grammes. Dans cet essai nous avons cherché si le chlorure de plomb s'était combiné avec le chlorure d'ammonium pour former un chlorure double; à cet effet, nous avons opéré comme il suit :

La liqueur évaporée au bain-marie à une température peu élevée, de manière à laisser le chlorure d'ammonium en dissolution, a donné un précipité, lequel, broyé rapidement avec de l'hydrate de potasse préalablement pulvérisé et chauffé faiblement dans un tube de verre bouché à une extrémité, n'a pas ramené au bleu le papier de tourne-sol rougi qui était placé à une certaine distance du mélange. Il est donc probable qu'il n'y avait pas formation de chlorure double, à moins qu'il n'ait été détruit par l'évaporation.

Les résultats comparés de ces essais nous indiquent que l'activité chimique des liqueurs acides étendues, mises en présence du sulfate plombique est nulle, celle du sel marin très-faible, mais que l'action chimique de ces corps réunis modifie sensiblement le sulfate de plomb; quant au chlorure d'ammonium, il produit une plus grande quantité de chlorure de plomb que tous les autres agents, et son action semble diminuer lorsqu'il agit en présence du chlorure de sodium, comme aussi celle de ce dernier sel est bien moins grande. En résumé, la somme des forces de ces deux sels agissant ensemble, dans ces mêmes circonstances, est inférieure à celle que présentent ces deux corps lorsqu'ils sont mis en activité séparément. Nous avons observé dans le même cas, que les chlorures d'ammonium et de sodium ordinaires étaient plus actifs que lorsqu'ils étaient purs.

L'ensemble de ces réactions nous fait présumer combien serait nuisible l'emploi de cette poterie dite d'étaim, laquelle ne serait pas confectionnée avec un étamage exempt de plomb. L'eau qui séjournerait pendant long-temps dans de semblables vases serait certainement contraire à la santé. Or, comme l'eau dont on fait usage à bord des navires est généralement puisée aux sources qui avoisinent la mer, et que ce liquide contient très-souvent du sel marin, il est facile de prévoir son action sur ces vases faits avec un étamage qui ne serait pas pur, et par suite ses effets funestes aux personnes qui en feraient usage.

Le chlorure d'ammonium doit posséder la propriété de dissoudre un grand nombre de corps insolubles. Son application pourra, dirigée dans ce sens, rendre de grands services à l'analyse chimique et à la minéralogie.

Si nos essais sont exacts, on peut admettre que le sulfate de plomb, modifié dans sa constitution chimique par les acides en présence des humeurs chlorurées, est absorbé à l'état de chlorure simple, sans passer dans une nouvelle combinaison plus complexe. Il est facile de comprendre qu'à ce sujet on ne peut pas se prononcer d'une manière absolue, car les phénomènes observés dans les expériences faites dans les laboratoires de chimie, sont loin de se reprodiure toujours identiquement les mêmes dans l'économie.

« Nous étudions. dit M. RÉGNAULD, dans son cours de « chimie. les réactions chimiques de nos laboratoires, « dans des vases inattaquables qui n'interviennent pas dans « le phénomène; les choses se passent tout autrement « dans les êtres organisés; les réactions chimiques s'y « effectuent dans des vaisseaux dont la matière participe « le plus souvent elle-même à la réaction, et rend ainsi « les phénomènes incomparablement plus complexes. »

En admettant comme seule vraie, l'explication du sulfate plombique devenu plus soluble dans l'économie par sa transformation en chlorure double ou en chlorure simple, la lenteur avec laquelle les réactions s'effectuent, et considérant la quantité des chlorures qui est très-variable et très-bornée dans les liquides animaux; cette variation doit nécessairement entraîner dans l'effet de ce poison des différences notables. Au reste, les agents modificateurs ne sont nullement en rapport avec la quantité de poison absorbé. Il ne peut donc pas y avoir d'empoisonnement aigu, seul accident que l'on ait à redouter en cette circonstance; mais il peut y avoir intoxication lente : la faible quantité de poison qui échappe à l'action des purgatifs va se loger dans la muqueuse intestinale, pour y séjourner un temps plus ou moins long. et prendre des propriétés plus actives par suite d'un changement produit dans les caractères chimiques et organoleptiques du sulfate de plomb. par l'action des humeurs viscérales. Dans ce cas, il est rare que cette faible quantité de poison devenue soluble puisse donner lieu à des symptômes d'intoxication lente, assez grave pour qu'elle ne soit pas combattue facilement par l'emploi du sulfate de magnésie ou par la méthode dite de la charité.

En résumé, nous croyons pouvoir tirer de l'examen de ces faits cette conclusion, que :

1° L'activité chimique du chlorure d'ammonium en présence du sulfate plombique est plus puissante que celle du sel marin, ce dernier sel agissant très-faiblement sans le concours des acides.

2° Que les liqueurs acidulées, sans le concours des chlorures, n'ont pas d'action sur le sulfate de plomb.

3° Que l'emploi du sulfate de magnésie à dose élevée étant sans inconvénient, la rapidité avec laquelle il décompose les sels de plomb solubles en sulfate insoluble, la lenteur avec laquelle ce dernier sel devient soluble, principalement par l'action des acides, des liqueurs chlorurées, et par suite toxique, la facilité avec laquelle on peut se le procurer dans toutes les pharmacies, dans un état de pureté suffisante en pareil cas, nous font regarder le sulfate de magnésie comme un excellent contre-poison du sous-acétate de plomb, nous le préférons au sulfure de fer qui s'altère très-facilement, et le préférons surtout à l'iodure de potassium, qui ne peut procurer des avantages qu'après avoir amené un désordre quelquefois grave dans l'économie. (1)

Ces études ont été présentées le 5 septembre 1864 à l'assemblée des pharmaciens du département de la Dordogne.

---

(1) Le sulfure de fer a été préconisé par M. Mialhe. Et l'iodure de potassium par M. Melsens.

EMPOISONNEMENT PAR L'EXTRAIT DE SATURNE

(SOUS ACÉTATE DE PLOMB.)

Le 25 mai à 6 heures du matin, une jeune enfant âgée de six ans, prend 20 grammes d'extrait de saturne ; sitôt après le fait, je fus appelé, en attendant le médecin, pour donner les premiers soins.

Observations. — Visage pâle, souffrances très-vives à l'estomac, nausées très-fréquentes, vomissements qui avaient précédé mon arrivée. L'enfant est si jeune qu'elle rend mal compte des douleurs qui la tourmentent.

Traitement. — Un vomitif composé de 45 grammes de sirop d'ipécacuanha, 10 centigrammes de tartre stibiée, est donné par cuillerées à des intervalles de temps très-rapprochés ; l'effet de cette potion est secondé par de grandes quantités d'eau tiède, dans laquelle on a délayé des blancs d'œufs. (4 blancs d'œufs pour un litre d'eau, passés à travers un linge). Les vomissements deviennent très-faciles et très-abondants. Les matières vomies présentent l'aspect d'un liquide grisâtre, d'une consistance très-épaisse ; l'eau versée sur les points du plancher qu'elles occupent leur donne une couleur blanchâtre qui est bien celle de l'eau de Goulard. Bientôt le liquide rejeté ne change plus de couleur lorsqu'on le met en contact avec l'eau. Le poison est donc vomi ou bien il n'en reste que de faibles quantités.

Sitôt après cette dernière observation, on fait prendre 20 grammes de sulfate de magnésie, dissous dans une assez grande quantité d'eau. Les douleurs à l'estomac commencent à se dissiper.

Dans le courant de la journée l'enfant demande souvent à boire, on lui donne alors pour boisson de l'eau froide albumineuse, contenant 5 grammes de sulfate magnésie, (eau 1 litre blanc d'œuf n° 1, sulfate de magnésie 5 grammes).

La jeune A...., vers les huit heures du soir, se plaint de quelques douleurs à l'abdomen; sont prescrits : potion mucilagineuse et un lavement composé d'une solution concentrée de gomme et de huit grammes de sulfate de magnésie. Plusieurs selles à la suite de ce purgatif. La nuit se passe dans le repos; le matin, il y avait un mieux bien sensible ; l'enfant, dans l'après-midi, rentrait en pleine convalescence.

Le traitement est complété par un régime doux: du lait pendant quelques jours, une alimentation peu salée. A partir de ce moment, la santé de l'enfant n'a pas été altérée par la suite de l'action de ce poison.

Le volume qu'occupait dans la fiole l'extrait de saturne représentait environ 20 à 25 grammes. Cette dose, toxique pour des adultes, paraîtra bien plus forte encore si on songe qu'elle agissait sur les organes d'un enfant de six ans. Mais si le pronostic chez des êtres si faibles encore est plus grave en raison de la délicatesse des tissus, de leurs organes, de l'activité de l'absorption, ses inconvénients sont bien souvent compensés par la promptitude, la facilité des évacuations, l'élimination rapide des substances vénéneuses (1).

MÉTHODE

pour déceler et doser la chicorée mélangée avec du café.

La méthode que je propose pour déceler la présence de la chicorée dans la poudre de café (café moulu), et pour faire connaître en quelles proportions la sophistica-

(1) Observations présentées à la même séance.

tion a été faite, est facile, expéditive et très-exacte. Elle a donc pour objet de savoir si le café est fraudé avec de la chicorée, et quelle est la quantité de cette dernière ajoutée au premier. De là deux essais, l'un qualitatif et l'autre quantitatif. Cette sophistication, pour n'être pas un crime, n'en est pas moins une fraude.

Les personnes qui ne sont pas initiées à l'étude des manipulations de l'analyse chimique peuvent très-facilement, et sans employer d'appareils compliqués et coûteux, faire l'essai du café qu'elles achètent. Trois verres à pied, du charbon, un tamis de soie à mailles très-serrées, suffisent pour effectuer de pareils essais.

L'essai qualitatif est fondé en partie sur ce fait, reconnu depuis longtemps, que le café pur, projeté avec soin à la surface de l'eau, surnage pendant longtemps avant d'être imbibé de ce liquide ; la poudre de chicorée, au contraire, se laisse pénétrer facilement par l'eau, et se précipite en peu de temps au fond du vase qui la contient. Si on étale séparément, sur une feuille de papier blanc, du café pur et de la chicorée, ces deux corps étant humectés, le premier se colore très-faiblement, le second lui donne presque instantanément une couleur rouge foncé, en s'agglomérant. Les mêmes nuances se dessinent avec plus ou moins d'intensité suivant les proportions des substances qui constituent le mélange. Enfin, le charbon décolore complétement l'infusion du café pur ; celle de la chicorée reste très-colorée.

L'ensemble de ces propriétés qui distinguent si nettement le café de la chicorée est insuffisant lorsqu'il s'agit de fixer les rapports pondéraux qui peuvent exister entre les mélanges des deux substances. Le procédé nouveau que nous signalons pour effectuer l'essai quantitatif de pareils mélanges nous a fourni des règles fixes et invariables.

Nous avons opéré plusieurs fois d'après cette méthode sur divers cafés après y avoir ajouté des quantités déterminées de chicorée. Les résultats de nos investigations étaient si exacts que les proportions de café et de chicorée retrouvées étaient équivalentes à celles des mélanges artificiels.

C'est en examinant attentivement, à l'aide d'une forte loupe, la texture et les dimensions du café moulu par des moulins de fer ordinaires que l'idée nous est venue de chercher un procédé qui aurait pour base la séparation des molécules du café d'avec celles de la chicorée, lesquelles se présentent sous un aspect bien différent des premières, et, pour cela, nous avons employé une toile de soie à mailles très-serrées. Le tamisage principalement et le volume des poudres précipitées dans des verres remplis d'eau, sont les bases sur lesquelles reposent les investigations de cette nouvelle méthode.

On sait depuis longtemps quelles furent les ressources offertes par la lévigation, opération aussi simple et aussi mécanique que la nôtre; elle consiste à séparer avec l'aide de l'eau plusieurs substances ayant chacune des molécules de densité et de proportions différentes; c'est un excellent moyen d'analyser une poudre organique, une farine par exemple. Un célèbre chimiste, RASPAIL, s'en est servi le premier pour un essai d'analyse sur le pain des prisons (journal le *Lycée*, 4 décembre 1831).

Afin de mettre plus facilement à la portée de tout le monde notre procédé, nous donnerons tous les détails d'un essai d'analyse de café que nous avons fait d'après notre méthode.

Essai qualitatif. — Ce café ne présente rien de particulier dans son mode de pulvérisation ; on l'a obtenu dans cet état de mouture, par les moyens ordinaires, à l'aide d'un moulin à dents de fer. En examinant attentivement la poudre on aperçoit de loin en loin des particules d'une couleur brune foncée, dont la forme et la texture la font distinguer nettement de celle du café pur.

Ces particules triturées comparativement, entre le pouce et l'index, sont molles, sans consistance ; celles du café pur sont dures, rugueuses ; en mouillant les doigts et les serrant assez fortement, elles prennent la forme ovoïde, les grains de café restent à l'état pulvérulent. Placées sur la langue, elle ne tardent pas à y manifester leur amertume qui est bien celle de la chicorée.

Une certaine quantité du café analysé, étalé sur une feuille de papier blanc et humecté d'eau, le colore instantanément en jaune brun. Le café pur placé sur du papapier de même qualité ne le colore que très-légèrement et longtemps après il ne s'agglomère pas.

Projeté avec soin à la surface d'un verre à vin de Champagne rempli d'eau pure, le café analysé a absorbé rapidement l'eau et est tombé en partie au fond du verre, colorant le liquide en jaune brunâtre, caractère bien distinctif de la chicorée.

De la poudre de café pur, choisie pour contre-épreuve, placée avec le même soin et à poids égal, dans un verre indentique rempli du même liquide, a surnagé pendant très-lontemps. En se précipitant, il colorait la liqueur en jaune clair.

Dix grammes de café pur, dix grammes de chicorée et dix gramme de café analysé sont traités par la même quantité d'eau bouillante. Les liqueurs une fois refroidies ont été mises en contact avec le même poids de charbon, puis filtrées.

La liqueur du café pur est presque incolore, celle du café analysé est sensiblement colorée en jaune brun, et celle de la chicorée est d'un rouge brunâtre.

Après ces opérations, nous ne nous doutions pas de la

présence de la chicorée dans notre café. Mais rien jusqu'à ce moment ne nous donnait les proportions du mélange ; et c'est dans cette partie qui suit de notre travail que nous avons cherché la solution de cette question.

Essai quantitatif. — Et pour cela trois mélanges artificiels de café pur et de chicorée sont faits dans des proportions telles qu'ils sont entre eux comme 1 : 2 : 3 : 4, c'est-à-dire une partie de café pour une de chicorée, deux parties de café pour une de chicorée, trois parties de café pour une de chicorée. Les trois mélanges ainsi faits et le café analysé sont projetés à poids égaux à la surface de quatre verres remplis d'eau ; en même temps, un poids égal de café pur est placé dans les mêmes conditions.

Aussitôt après, les liqueurs se colorent, et il tombe au fond des verres une certaine quantité de poudre. Mais le café pur seul surnage, la liqueur conserve sa transparence, et il ne commence à se précipiter que longtemps après (une heure et demie environ).

Comparant alors les degrés de coloration et les volumes des poudres précipitées, nous avons remarqué qu'il y avait coïncidence entre le mélange artificiel au tiers et la poudre analysée.

Douze grammes de poudre de café analysé placés sur un tamis de soie à mailles serrées et légèrement triturés à sa surface, ont fourni quatre grammes d'une poudre qui doit représenter une grande partie de la chicorée additionnée au café ; et les huit grammes qui ont résisté à ce mode de pulvérisation contiennent une faible quantité de chicorée.

La quantité de chicorée se trouvant dans les huit grammes non tamisés est égale à la quantité de café contenue dans les quatre grammes tamisés.

En effet, ayant pris d'une part douze grammes de chicorée pure. et après les avoir soumis à la même opération, onze grammes ont traversé les mailles et un gramme est resté sur le tamis.

D'autre part, ayant pris douze grammes de café pur. et ayant opéré de même, l'inverse s'est produit, car un gramme a été tamisé, et nous avons eu onze grammes de résidu.

Ainsi la quantité de café qui se trouvait dans la chicorée tamisée. est d'après ce qui précède égale à la quantité de chicorée restée sur le tamis avec le café. Il est donc très-probable que les quatre grammes tamisés représentent exactement le poids de chicorée contenue dans le café analysé.

CONCLUSIONS.

Il résulte de ce qui précède que :

1° Le café n'est pas pur ;

2° Il y a de la chicorée ;

3° La quantité de chicorée, pure ou non, représente très-approximativement le tiers du café analysé.

Ribérac, le 1er Juillet 1866.

FIN.

Ribérac. Imprimerie A. Bounet.